essentials

Essentials liefern aktuelles Wissen in konzentrierter Form. Die Essenz dessen, worauf es als „State-of-the-Art" in der gegenwärtigen Fachdiskussion oder in der Praxis ankommt. Essentials informieren schnell, unkompliziert und verständlich

- als Einführung in ein aktuelles Thema aus Ihrem Fachgebiet
- als Einstieg in ein für Sie noch unbekanntes Themenfeld
- als Einblick, um zum Thema mitreden zu können.

Die Bücher in elektronischer und gedruckter Form bringen das Expertenwissen von Springer-Fachautoren kompakt zur Darstellung. Sie sind besonders für die Nutzung als eBook auf Tablet-PCs, eBook-Readern und Smartphones geeignet.

Essentials: Wissensbausteine aus Wirtschaft und Gesellschaft, Medizin, Psychologie und Gesundheitsberufen, Technik und Naturwissenschaften. Von renommierten Autoren der Verlagsmarken Springer Gabler, Springer VS, Springer Medizin, Springer Spektrum, Springer Vieweg und Springer Psychologie.

Ekbert Hering

Kostenrechnung und Kostenmanagement für Ingenieure

Springer Vieweg

Ekbert Hering
Hochschule für angewandte
Wissenschaften Aalen
Aalen
Deutschland

ISSN 2197-6708   ISSN 2197-6716 (electronic)
essentials
ISBN 978-3-658-07472-2   ISBN 978-3-658-07473-9 (eBook)
DOI 10.1007/978-3-658-07473-9

Die Deutsche Nationalbibliothek verzeichnet diese Publikation in der Deutschen Nationalbiblio-
grafie; detaillierte bibliografische Daten sind im Internet über http://dnb.d-nb.de abrufbar.

Springer Vieweg
© Springer Fachmedien Wiesbaden 2015

Gedruckt auf säurefreiem und chlorfrei gebleichtem Papier

Springer Fachmedien Wiesbaden ist Teil der Fachverlagsgruppe Springer Science+Business Media
(www.springer.com)

Was Sie in diesem Essential finden können

- Grundbegriffe der Kosten- und Leistungsrechnung
- Kostenarten-, Kostenstellen- und Kostenträgerrechnung
- Systeme der Kostenrechnung
- Beispiel für eine Kostenrechnung
- Berechnung von kalkulatorischen Kosten
- Aufbau eines Betriebsabrechnungsbogens
- Ermitteln von Kostensenkungspotenzialen

Vorwort

Dieses Werk basiert auf dem „Handbuch Betriebswirtschaft für Ingenieure" von Ekbert Hering und Walter Draeger, 3. Auflage 2000. Dieses Werk hat sich einen hervorragenden Platz als Lehrbuch für Studierende, insbesondere der Ingenieurwissenschaften, und als Standard-Nachschlagewerk für Ingenieure in der Praxis geschaffen. Die Vorteile sind die *große Praxisnähe* (das Werk wurde von Praktikern für Praktiker geschrieben), die Präsentation der *ganzen Breite des Managementwissens,* die vielen Beispiele, welche die sofortige Umsetzung in den betrieblichen Alltag ermöglichen sowie die umfangreichen Grafiken, welche die Zusammenhänge veranschaulichen. Das Kapitel über Kosten- und Leistungsrechnung wurde dahingehend erweitert, dass ausführliche Rechenbeispiele eingefügt wurden, mit denen die Zusammenhänge klar werden. Zusätzliche Grafiken zeigen anschaulich und verständlich die Methoden und Anwendungen der Kosten- und Leistungsrechnung. Eingefügt wurde ein ausführlicher Abschnitt, in dem am Beispiel eines Ingenieurs im Mittelmanagement aufgezeigt wird, wie Kostensenkungspotenziale ermittelt und ausgeschöpft werden können. Maßnahmen zur Vermeidung von Verschwendung und Methoden zum Aufbau von erfolgreichen kontinuierlichen Verbesserungsprozessen werden aufgezeigt. Diese klaren Strukturierungen ermöglichen es dem Leser, seine Probleme in der Praxis sofort und effizient lösen zu können.

Inhaltsverzeichnis

Einleitung 1

Der Zweck eines Betriebes (*Betriebszweck*) ist die Erstellung von *Leistungen*, d. h. von *Produkten* (z. B. elektrische Fensterheber) *und Dienstleistungen* (z. B. Beratung oder Wartungsverträge).

Dazu wird *Material* in Form von *Rohstoffen* (z. B. Stahlcoils), *Halbfabrikaten* (z. B. Gehäusen), *Betriebsstoffen* (z. B. Schmiermittel) und *Hilfsstoffen* (z. B. Lacke) in der *Fertigung* zum Produkt verarbeitet (z. B. zu einem Fensterheber), eventuell in einer *Montageabteilung* zum fertigen Produkt montiert und durch den *Vertrieb* vermarktet.

Um die Produktionsfaktoren:

* Material,
* Menschen,
* Maschinen,
* Mittel

mit den entsprechenden Methoden und einer passenden Organisation zu koordinieren, bedarf es einer *Verwaltung* und eines *Informationssystems* (z. B. der Kosten- und Leistungsrechnung).

Zusätzlich zu den Inanspruchnahme der Produktionsfaktoren bedarf es auch noch der *Dienstleistung Dritter* (z. B. Steuerberater oder Unternehmensberater) und erfordert auch *öffentliche Abgaben* (z. B. Steuern), um den Betriebszweck zu erfüllen.

© Springer Fachmedien Wiesbaden 2015
E. Hering, *Kostenrechnung und Kostenmanagement für Ingenieure*, essentials,
DOI 10.1007/978-3-658-07473-9_1

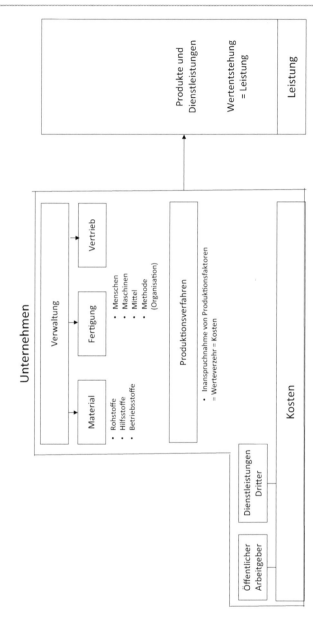

Abb. 1.1 Zusammenhang zwischen Kosten und Leistung. (eigene Darstellung)

Alle diese *betriebsbedingten Wertverzehre* werden *Kosten* genannt Abb. 1.1. Dabei ist es gleichgültig, ob diesem Wertverzehr *tatsächliche Ausgaben* zugrundeliegen (*Grundkosten*) oder nicht (*kalkulatorische Kosten*).

Die Kostenrechnung ist ein Instrument zur Gewinnung von Informationen zur Erreichung bzw. Erhaltung der Wirtschaftlichkeit. Sie beantwortet folgende Fragen:

- *Welche* Kosten sind entstanden? (*Kostenarten*)
- *Wo* sind die Kosten entstanden? (*Kostenstellen*)
- *Warum* sind die Kosten entstanden? (*Kostenträger*).

Die Kosten- und Leistungsrechnung hat demnach die Aufgabe, die betrieblich bedingten Wertverzehre (Kosten) zu erfassen und sie den Produkten und Dienstleistungen (Leistungen) zuzuordnen.

Die Kosten- und Leistungsrechnung hat folgende Aufgaben zu erfüllen:

Erfassen der Kosten und Leistungen Die Hauptaufgabe der Kosten- und Leistungsrechnung besteht darin, die innerhalb einer Periode (z. B. eines Jahres) entstandenen Kosten und Leistungen zu erfassen. Dabei müssen folgende Voraussetzungen eingehalten werden:

- *Objektivität und Vollständigkeit*
  Gleiche Sachverhalte müssen immer gleich behandelt werden. Gehören beispielsweise dem Unternehmer die Gebäude selbst, so muss eine *kalkulatorische Miete* angesetzt werden.
- *Periodengerecht*
  Jeder Periode müssen diejenigen Kosten zugewiesen werden, in der sie entstanden sind. Das kann zu Abgrenzungen zur Finanzbuchhaltung führen. Beispielsweise wird das Weihnachtsgeld im November eines Jahres als Ausgabe gebucht. Die kostenmäßige Zuordnung muss aber in allen zwölf Monaten (am genauesten nach Fabrikkalendertagen) erfolgen.
- *Verursachungsgerecht*
  Jeder Leistung dürfen nur diejenigen Kosten zugeordnet werden, die sie auch verursacht haben.
- *Abgrenzung außergewöhnlicher Ereignisse*
  Außergewöhnlich Ereignisse (z. B. nicht bezahlte Rechnungen wegen Konkurs des Kunden) sollten gesondert verrechnet werden (z. B. unter kalkulatorischen Wagnissen).

© Springer Fachmedien Wiesbaden 2015
E. Hering, *Kostenrechnung und Kostenmanagement für Ingenieure*, essentials,
DOI 10.1007/978-3-658-07473-9_2

Ermittlung des Betriebsergebnisses Werden von der Erlösen für die Leistungen die Kosten des Betriebes abgezogen, so errechnet sich das *Betriebsergebnis*. Können den Erlösen der einzelnen Produktsparten (z. B. elektrische Fensterheber, mechanische Fensterheber) die von ihnen verursachten Kosten verrechnet werden, dann sind die Sparten-Ergebnisse ermittelbar.

Kontrolle der Wirtschaftlichkeit Die im Betrieb vorhandenen Produktionsfaktoren (z. B. Menschen, Maschinen, Mittel) sind möglichst effektiv und effizient einzusetzen. Der Wertverzehr dieser Produktionsfaktoren zur Erstellung einer Leistungseinheit (z. B. die Kosten pro elektrischem Fensterheber für ein Auto) sind ein Maß für die Wirtschaftlichkeit des Herstellungs- und Managementprozesses.

Beobachtung der Kostenentwicklung Die ständige Beobachtung der Kostenentwicklung erlaubt eine Beurteilung der Wirtschaftlichkeit des ganzen Betriebes oder einzelner Betriebsteile.

Der Verbrauch an Produktionsfaktoren (in Menge und Zeit) sowie die erzielbaren Marktpreise der Produkte werden erfasst und ausgewertet. Aus diesen Erkenntnissen können Kosten geplant, d. h. vorher festgelegt werden. Dies erlaubt eine Kontrolle der Plankosten und damit eine Aussage zur Wirtschaftlichkeit. Ferner ist damit möglich, Kostensenkungsptenziale aufzudecken und auch umzusetzen.

Kalkulation Mit den Werten der Kostenrechnung können die Kosten ermittelt werden, die zur Erstellung einer *Leistungseinheit* erforderlich sind (ausführliche Darstellung im Springer Essential „Kalkulation für Ingenieure").

Preiskontrolle und Sortimentsplanung Können die kalkulierten Verkaufspreise bestimmter Leistungen auf Dauer nicht erzielt werden, so kann es sinnvoll sein, diese Leistungen aus dem Sortiment zu nehmen. Eine wichtige Entscheidungshilfe ist die Kostenrechnung.

Die oft zu treffende Entscheidung, ob es besser ist, etwas *selbst* herzustellen oder zu *kaufen*, ist ohne Kostenrechnung überhaupt nicht möglich.

Statistische Untersuchungen und Entscheidungsunterstützung Werden die Zahlen aus der Kostenrechnung statistisch untersucht, dann lassen sich wertvolle Hinweise für zukünftige Entscheidungen gewinnen (z. B. Ertragsentwicklung einzelner Produkte). Dies hat wiederum Auswirkungen auf Investitionen und Finanzierungsmöglichkeiten.

Informationssystem zur Steuerung des Unternehmens Aus der Kostenrechnung werden Informationen gewonnen, die dem Management helfen, das Unternehmen erfolgreich zu steuern (s. Springer Essential „Controlling für Ingenieure"). Die Kostenrechnung liefert dem Unternehmer Kennzahlen und Größen, die betriebliche Zusammenhänge aufzeigen sowie die Einordnung des Unternehmens in seine Umwelt erlauben.

Um Kennzahlen als Instrument zur Steuerung und Kontrolle (Controlling) eines Unternehmens einsetzen zu können, dürfen diese nicht isoliert betrachtet werden. Es muss ein *System von Kennzahlen* aufgebaut werden, das mehrere Tatbestände im Unternehmen miteinander verknüpft und somit Aussagekraft über *Zusammenhänge* besitzt. Ein Kennzahlensystem läßt sich dann innerbetrieblich zur Analyse von SOLL-IST-Abweichungen einsetzen, soweit es sich um quantitativ erfassbare Sachverhalte handelt.

Zwischenbetriebliche Kennzahlenvergleiche dienen dem *Betriebsvergleich.* Die betrieblichen Kennzahlen werden dabei den Kennzahlen gleich strukturierter Betriebe oder dem Branchendurchschnitt gegenübergestellt.

Zentrale Begriffe

3

In der Kosten- und Leistungsrechnung spielen folgende Begriffspaare eine wichtige Rolle. Die einzelnen Begriffe sind in Tab. 3.1 in ihrer Bedeutung zusammengestellt.

- Ausgaben und Einnahmen,
- Aufwand und Ertrag,
- Kosten und Leistung.

- *Ausgaben und Einnahmen*
  Ausgaben sind alle *Abgänge von Zahlungsmitteln* (Bargeld, Schecks, Überweisungen) und *Einnahmen* sind alle *Zugänge an Zahlungsmitteln*.

Abb. 3.1 zeigt, wie sich Kosten und Leistungen zusammensetzen. Folgende Begriffe sind zu definieren:

- Zusatzausgabe
  Eine Ausgabe, bei der keine Auszahlung erfolgt (z. B. Kauf auf Kredit).
- Zusatzeinnahme
  Eine Einnahme ohne Einzahlung (z. B. Wareneinkauf zur Verrechnung bestehender Schuld).
- neutrale Ausgaben bzw. Einnahmen
  Ausgaben oder Einnahmen, die
  - nie (Privatentnahme als neutrale Ausgabe),

© Springer Fachmedien Wiesbaden 2015
E. Hering, *Kostenrechnung und Kostenmanagement für Ingenieure*, essentials,
DOI 10.1007/978-3-658-07473-9_3

Tab. 3.1 Zentrale Begriffe in der Kostenrechnung. (eigene Darstellung)

Begriff	Erklärung
Ausgabe	Abhängig von Zahlungsmitteln (z. B. Bargeld, Scheck, Überweisung)
Zusatzausgabe	Ausgabe ohne Auszahlung (z. B. Kauf auf Kredit)
Neutrale Ausgabe	Ausgabe ohne Bezug zum Betriebszweck. Es gibt Ausgaben, die nie (Privatentnahmen), noch nicht (später verbuchte Materialentnahmen) oder nicht mehr (verbuchtes, aber später bezahltes Material) Aufwand bzw. Ertrag werden
Einnahme	Zugang von Zahlungsmitteln
Zusatzeinnahme	Einnahme ohne Zahlung (z. B. Wareneinkauf zur Verrechnung bestehender Schuld)
Neutrale Einnahme	Einnahme ohne Bezug zum Betriebszweck
Aufwand	Werteverzehr, der auf Ausgaben beruht
Zusatzaufwand	Aufwand, dem keine Ausgabe entspricht
Neutraler Aufwand	Aufwand, dem keine Kosten gegenüberstehen (z. B. Spenden)
Ertrag	Einnahmen, die dem Wertzuwachs entsprechen
Zusatzertrag	Ertrag, dem keine Einnahme gegenübersteht
Neutraler Ertrag	Ertrag ohne entsprechende Leistung (z. B. Schenkung)
Kosten	Betriebsbedingter Werteverzehr
Leistung	Vom Betrieb erzeugter Wertezuwachs
Einzelkosten	Kosten, die sich direkt der Leistung zurechnen lassen (z. B. Fertigungsmaterial und Fertigungslohn)
Sondereinzelkosten	Einzelkosten, die durch besondere Anforderungen entstehen (z. B. Spezialvorrichtung bei der Montage)
Gemeinkosten	Kosten, die sich nicht oder nicht wirtschaftlich einer Leistung zurechnen lassen (z. B. Kosten der Arbeitsvorbereitung oder des Lagers)
Herstellkosten	Summe aus Material- und Fertigungskosten (einschließlich der Material- und Fertigungs-Gemeinkosten)
Selbstkosten	Summe aus Herstellkosten und Vertriebs- und Verwaltungskosten (einschließlich der Vertriebs- und Verwaltungs-Gemeinkosten)
Variable Kosten	Kosten, die von der Herstellung abhängig sind (z. B. Materialkosten und Fertigungslohn)
Fixe Kosten	Kosten, die unabhängig von der Herstellung anfallen (Kosten der Betriebsbereitschaft)
Durchschnittskosten	Durchschnittliche Kosten pro Stück
Grenzkosten	Zuwachs an Gesamtkosten, wenn die Produktion um eine Einheit erhöht wird

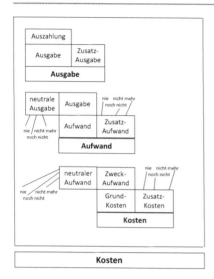
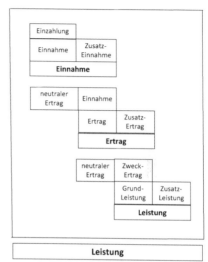

Abb. 3.1 Abgrenzung der Begriffspaare in der Kostenrechnung. (eigene Darstellung)

- noch nicht (Materialentnahme, die als neutrale Ausgabe später verbucht wird),
- nicht mehr (Material, das bereits verbraucht und später als neutrale Ausgabe bezahlt wurde)

Aufwand bzw. Ertrag werden.

- *Aufwand und Ertrag*
  Aufwand ist der *Wertverzehr*, der auf *Ausgaben* beruht, und *Ertrag* die *Einnahmen*, die dem *Wertzuwachs* entsprechen. Folgende Unterscheidungen sind zu beachten (Abb. 3.1):
- Zusatzaufwand bzw. Zusatzertrag
  Darunter versteht man Aufwand bzw. Ertrag, dem keine Ausgabe bzw. Einnahme entspricht.
- neutraler Aufwand bzw. neutraler Ertrag
- Neutralem Aufwand bzw. neutralem Ertrag stehen keine Kosten bzw. Leistungen entgegen. Zwischen folgenden Fällen wird unterschieden:
  - nie (Kosten: Spenden; Ertrag: Schenkung);
  - noch nicht (Kosten: Sofortabschreibung geringwertiger Wirtschaftsgüter; Ertrag: verfrühte Ertragsbuchung noch nicht produzierter Leistung);
  - nicht mehr (Kosten: spätere Instandhaltung ohne Rückstellungen; Ertrag: verspätete Ertragsbuchung).

- Kosten und Leistung
  Kosten sind der *betriebsbedingte Werteverzehr* und *Leistung* der durch den Betrieb *erzeugte Wertzuwachs*.

Weitere Begriffe der Kosten- und Leistungsrechnung sind:

- *Einzelkosten*
  Kosten, die sich *direkt* auf die Leistungen zurechnen lassen (z. B. Fertigungsmaterial und Fertigungslöhne).
- *Gemeinkosten*
  Kosten, deren direkte Zuordnung zur Leistung entweder
  - unmöglich (echte Gemeinkosten) oder
  - unwirtschaftlich (unechte Gemeinkosten) ist.

Sie müssen über eine *Schlüsselung* (z. B. Fläche oder Mitarbeiterzahl) den einzelnen Produkten zugeordnet werden.

Die *Gemeinkosten* werden nach den Bereichen gegliedert, in denen sie anfallen:

- *Material-Gemeinkosten* (MGK: Gemeinkosten der Beschaffung und des Lagerwesens);
- *Fertigungs-Gemeinkosten* (FGK: Gemeinkosten in der Fertigung);
- *Vertriebs-Gemeinkosten* (VertriebsGK);
- *Verwaltungs-Gemeinkosten* (VerwaltungsGK).

- *Sondereinzelkosten*
  Sie sind dem Produkt *direkt* zuordenbar, entstehen aber im Gegensatz zu den Einzelkosten unregelmäßig (z. B. Kosten für die Vorrichtung bei der Montage eines Produktes).
- *Herstellkosten*
  Summe aus den Material- und Fertigungskosten (einschließlich den Material- und Fertigungs-Gemeinkosten).
- *Selbstkosten*
  Um die Selbstkosten zu ermitteln, werden zu den Herstellkosten die anteiligen Vertriebs- und Verwaltungskosten hinzugerechnet.
- *Variable Kosten*
  Kosten, die von der Herstellung abhängig sind (dazu gehören immer die Einzelkosten, wie Materialkosten und Fertigungslöhne).
- *Fixe Kosten*
  Kosten, die von der *Herstellung* völlig *unabhängig* sind (auch Kosten der Betriebsbereitschaft genannt). Eine Sonderform der fixen Kosten sind die *sprung-*

fixen Kosten. Sie entstehen auf einen Schlag, beispielsweise durch Personalein-
stellung oder durch eine Investition (z. B. Anschaffung einer Maschine).

- *Durchschnittskosten*
Durchschnittliche Kosten je Stück:

$$Durchschnittskosten = \frac{Gesamtkosten}{produzierteMenge}.$$

- *Grenzkosten*
Zuwachs an Gesamtkosten, wenn die Produktion um eine Einheit erhöht wird:

$$Grenzkosten = \frac{Veränderung\ der\ Gesamtkosten\ (\Delta K)}{Veränderung\ der\ Ausbringungsmenge\ (\Delta m)}.$$

Systeme der Kostenrechnung

4

Je nach Art der Kostenermittlung oder Art der Kostenverrechnung lassen sich die Systeme der Kostenrechnung unterscheiden (Abb. 3.1).

- *Ist-Kostenrechnung*
  Die tatsächlich anfallenden Kosten werden aus der Buchhaltung *direkt* übernommen. Die Kostenrechnung enthält somit *Ist-Mengen* und *Ist-Preise*. Preisschwankungen bei der Beschaffung oder Änderungen in der Beschäftigung gehen in vollem Umfang in die Kostenrechnung ein.
- *Normal-Kostenrechnung*
  Die Zahlen der Buchhaltung werden von den Zahlen für die Kostenrechnung abgegrenzt. Bei starken Schwankungen im Materialpreis wird beispielsweise mit durchschnittlichen Einkaufspreisen gerechnet.
- *Plan-Kostenrechnung*
  In unregelmäßigen Abständen anfallende Kosten (z. B. Weihnachts- und Urlaubsgeld) werden periodisiert und verteilt (z. B. bei der Betrachtung eines Jahres monatlich verrechnet).

Aufgrund von Erfahrungswerten werden Planwerte für die einzelnen Kosten angegeben.

Die *Abweichungen* der Ist- von den Plankosten ergibt wichtige Aufschlüsse über die *Wirtschaftlichkeit* der Betriebsprozesse (z. B. zu hohe Fertigungskosten) oder Anhaltspunkte für *Marktveränderungen*.

© Springer Fachmedien Wiesbaden 2015
E. Hering, *Kostenrechnung und Kostenmanagement für Ingenieure*, essentials,
DOI 10.1007/978-3-658-07473-9_4

- *Vollkostenrechnung*
  Es werden *alle Kosten* (die variablen wie die fixen Kosten) insgesamt erfasst
  und *auf die Leistungsträger verrechnet.*

  Vor allem die *willkürliche Verteilung der Fixkosten* führt zu Fehlern bei der Preis-
  ermittlung (Kalkulation, s. Springer Essential „Kalkulation für Ingenieure"), weil
  Kostenanteile auf die Produkte zugerechnet werden, die nicht von der Erstellung
  dieser Produkte verursacht werden (z. B. die Kosten nicht ausgelasteter Produkti-
  onsanlagen).
  Mit einer Vollkostenrechnung ist es unmöglich, *Preisuntergrenzen* festzustellen
  (d. h. des Preises, bei dem alle vom Produkt verursachten Kosten gerade gedeckt
  werden).

- *Teilkostenrechnung*
  In der Teilkostenrechnung unterscheidet man zwischen *leistungsabhängigen*
  Kosten (variable Kosten) und *nicht leistungsabhängigen* Kosten (fixen Kosten). Mit der Teilkostenrechnung wird es möglich, den Leistungen nur die von
  ihnen verursachten Kosten direkt zuzuordnen und die Fixkosten gesondert zu
  verrechnen. In der Praxis werden die *Deckungsbeitragsrechnung* (s. Springer
  Essential „Deckungsbeitragsrechnung für Ingenieure") und die *Grenzplankos-
  tenrechnung* eingesetzt.

Kostenartenrechnung   5

Die Kostenartenrechnung bildet die Grundlage der Kostenrechnung. Sie gibt Antwort auf die Frage: *„Welche Kosten entstehen im Unternehmen?"* Damit ist ein Überblick über die gesamte *Kostensituation* des Unternehmens bezüglich *Kostenstruktur* und *Kostenniveau* möglich.
Durchgeführt wird die Kostenartenrechnung in drei Schritten:

1. *Schritt: Kostenerfassung*
   Im Rahmen der Kostenerfassung werden die Kosten als der normale, bewertete Verzehr an Gütern und Dienstleistungen, der bei der Erstellung und Verwertung der betrieblichen Leistung anfällt, *unmittelbar*, d. h. *vollständig* und *wirtschaftlich* festgestellt. Wirtschaftlich heißt in diesem Zusammenhang: Von einer Feingliederung der Kostenarten ist dann abzusehen, wenn der Aufwand zur Erfassung und Aufbereitung der Kosten höher ist als die Kosten selbst. Aus diesem und aus organisatorischen Gründen erfolgt die Kostenerfassung in der Praxis *dezentral*, wobei jede kostenverursachende Stelle durch die Erstellung von Belegen zur Genauigkeit der Zurechnung beiträgt.
   Man unterscheidet zwischen einer *differenzierten* und einer *undifferenzierten* Kostenerfassung.
   − *Differenzierte Kostenerfassung*
     Bei der differenzierten Erfassung von Kosten werden die verbrauchten Mengen und die entsprechenden Preise getrennt voneinander festgestellt. Die *mengenmäßige* Erfassung erfolgt durch Zählen, Messen, Schätzen oder Wiegen in der Regel am *Ort des Verbrauchs* bzw. der Lagerung (z. B.

© Springer Fachmedien Wiesbaden 2015   17
E. Hering, *Kostenrechnung und Kostenmanagement für Ingenieure*, essentials,
DOI 10.1007/978-3-658-07473-9_5

Materialkosten). Die *Bewertung* der Mengen nimmt die Buchhaltung vor, indem sie die Mengen zu Markt- oder zu Verrechnungspreisen bewertet.

– *Undifferenzierte Kostenerfassung*
Werden die Kosten *direkt* in Form von Werten berechnet (z. B. Gehälter und Gebäudemieten), so spricht man von einer undifferenzierten Kostenerfassung.

2. *Schritt: Kostengliederung*
Die Kostengliederung nimmt eine Zuordnung der Kosten nach folgenden Kriterien vor:

– *Aufteilung nach der Art der verbrauchten Produktionsfaktoren*
Die anfallenden Kosten werden sinnvollerweise nach der Art der eingesetzten Produktionsfaktoren (z. B. Material, Menschen, Maschinen, Räume, Fahrzeuge, Steuern und Beiträge, Verwaltung). Tabelle 5.1 zeigt eine übliche Einteilung für einen Kostenartenplan. Bei den Personalkosten (41) wird zwischen *Fertigungslohn (4110)* als variable Kosten und den fixen Kosten (4120): *Gemeinkostenlohn* und *Gehalt* unterschieden.

– *Aufteilung nach der Art der Verrechnung*
Nach Art der Verrechnung können Einzel-, *Gemein- und Sondereinzelkosten* unterschieden werden. Sondereinzelkosten können wie Einzelkosten dem Leistungsträger direkt zugerechnet werden. Da sie meist unregelmäßig anfallen, werden sie aus Gründen der Wirtschaftlichkeit und der genauen Zurechenbarkeit meist wie Gemeinkosten behandelt

– *Aufteilung nach der Abhängigkeit vom Beschäftigungsgrad*
Je nach Art der Beschäftigung unterscheidet man fixe (von der Beschäftigung unabhängige) und variable (von der Beschäftigung abhängige) Kosten

3. *Schritt: Kostenabgrenzung*
Bei der Abgrenzung der Kosten werden folgende Kostenarten betrachtet:

– *Kalkulatorische Kosten*
Zu den *Grundkosten*, die dem *Zweckaufwand* entsprechen, d. h. nach Abb. 3.1 zu Ausgaben führen, kommen noch die *kalkulatorischen Kosten* als Zusatzkosten (nicht ausgabenwirksam). Sie sind notwendig, um alle tatsächlichen Wertverzehre zu erfassen. Zu den kalkulatorischen Kosten werden gerechnet:

– *Kalkulatorischer Unternehmerlohn*
Arbeitet der Geschäftsinhaber selbst mit, so ist ein kalkulatorischer Unternehmerlohn anzusetzen. Er richtet sich nach dem Einkommen vergleichbarer Tätigkeiten in anderen Betrieben.

Tab. 5.1 Einteilung der Kostenarten. (eigene Darstellung)

Konten				Kostenarten
40				Stoffkosten, Verbrauch an bezogenen Leistungen
	4000			Materialkosten
41				Personalkosten
	4100			Löhne und Gehälter
		4110		Löhne
		4120		Gehälter
		4130		Aushilfslöhne
			4133	Urlaubsgeld
			4134	Wekihnachtsgeld
			4141	Vermögenswirksame Leistungen
		4150		Sozialabgaben
			4151	Arbeitgeberanteil Sozialversicherung
			4152	Beiträge zur Berufsgenossenschaft
		4160		Aufwendungen für Altersversorgung
		4180		Andere Personalkosten
42				Raumkosten, Kosten der Betriebsausstattung (ohne Abschreibung)
	4200			Raumkosten
		4210		Mieten
		4220		Pachten
		4230		Energiekosten (Strom, Gas, Wasser, Heizung)
		4240		Sonstige Raumkosten
		4250		Miet- und Leasingkosten für Betriebs- und Geschäftsausstattung
		4260		Kleinwerkzeuge und Kleinmaterial
		4270		Instandhaltung und Wartung der Betriebs- und Geschäftsausstattung
43				Steuern, Beiträge, Versicherungen, öffentliche Abgaben
	4300			Gewerbeertragssteuer
	4310			Gewerbekapitalsteuer
	4320			Vermögenssteuer
	4340			Beiträge (IHK, Fachverbände)
	4360			Gebühren und Abgaben
	4370			Versicherungen

Tab. 5.1 (Fortsetzung)

Konten				Kostenarten
44				Fahrzeugkosten (ohne Abschreibungen)
	4400			Fahrzeugkosten
		4410		Treibstoff und Öl
		4420		Ersatzteile und Reparaturen
		4430		Fahrzeugpflege
		4460		Kfz_Steuer
		4470		Kfz-Versicherungen
		4480		Sonstige Fahrzeugkosten
45				Werbe- und Bewirtungskosten
	4500			Kosten für Werbung
	4550			Bewirtung und Beherbergung von Geschäftsfreunden (steuerlich absetzbar)
	4570			Bewirtung und Beherbergung von Geschäftsfreunden (steuerlich nicht absetzbar)
46				Reise- und Vertreterkosten, Kosten für die Warenabgabe und -zustellung
	4600			Reisekosten
	4650			Vertreterprovisionen
	4670			Ausgangszölle
	4680			Ausgangsfrachten
	4690			Transportversicherung
47				Verwaltungskosten
	4700			Verwaltungskosten
		4710		Postkosten
		4720		Nebenkosten des Finanz- und Geldverkehrs
		4730		Bürokosten (Büromaterial, Fachzeitschriften)
		4740		Rechts-, Beratung- und Prüfungskosten
		4750		Lizenzkosten
		4770		Sonstige Verwaltungskosten
48				Sonstige Kosten
49				Kalkulatorische Kosten
	4900			Kalkulatorische Kosten
		4910		Kalkulatorische Abschreibungen
		4920		Kalkulatorischer Unternehmerlohn
		4930		Kalkulatorische Miete
		4940		Kalkulatorische Zinsen
		4950		Kalkulatorische Wagnisse
		4990		Sonstige kalkulatorische Kosten

- *Kalkulatorische Miete*
  Befindet sich das Unternehmen in eigenen Räumen, so ist eine kalkulatorische Miete anzusetzen, die der vergleichbaren, marktüblichen Miete entspricht.
- *Kalkulatorische Abschreibung*
  Als Abschreibungen in der Bilanz dürfen nur die gesetzlich zulässigen Abschreibungswerte angesetzt werden. In der Kostenrechnung müssen aber die *tatsächlichen Wertverzehre* der Maschinen, Anlagen und Gebäude berücksichtigt werden. Die Abschreibungswerte werden errechnet, indem der *gegenwärtige Wiederbeschaffungswert*, der *Abschreibungszeitraum* und die *tatsächliche Nutzungsdauer* Eingang finden.
- *Kalkulatorische Zinsen*
  Auf das betriebsnotwendige Kapital (sowohl Eigen- als auch Fremdkapital) müssen kalkulatorische Zinsen verrechnet werden. Der Zinssatz entspricht dem langfristiger Kapitalanlagen.
- *Kalkulatorische Wagnisse*
  Hier werden die Risiken erfasst, die sich aus der betrieblichen Tätigkeit ergeben (außer dem Kapitalwagnis des Unternehmers und der versicherten Wagnisse). Es kommen im allgemeinen folgende Wagnisse in Betracht:
  - Beständewagnisse (unbrauchbares Material),
  - Entwicklungswagnisse (fehlgeschlagene Entwicklungen),
  - Fertigungswagnisse (außergewöhnliche Ausschußquoten),
  - Gewährleistungswagnisse (Garantieverpflichtungen),
  - Forderungswagnisse (nicht bezahlte Rechnungen).
- *Sekundäre Kosten*
  Als Kostenarten dürfen nur die hier erwähnten Grundkosten und kalkulatorischen Kosten (d. h. die primären Kosten) angesetzt werden. Die sekundären Kosten bestehen aus mehreren Kostenarten, beispielsweise bei selbst ausgeführten Reparaturarbeiten aus Material- und Personalkosten. Zu den sekundären Kosten gehören im wesentlichen alle Kosten der *innerbetrieblichen Leistungsverrechnung*.

Kostenstellenrechnung   6

6.1 Begriffe und Aufgaben

Die Kostenstellenrechnung nimmt die *Einteilung* des Unternehmens in Kostenstellen und die *Verrechnung* der entstandenen Kosten vor. Sie ist zum einen *Voraussetzung* für die *Kostenträgerrechnung (Kalkulation)* und erfolgt *zeit-* oder *periodenabhängig*. Zum anderen können mit ihrer Hilfe die Kosten am Ort ihrer Entstehung bezüglich Art und Höhe festgestellt werden, so dass *kostenintensive Bereiche* aufgedeckt und deren *Kostenentwicklung* überwacht werden kann. Dies gilt in besonderer Weise für den *Handelsbetrieb*, in dem die Kostenstellenrechnung nicht nur Hilfsrechnung für die Kostenträgerrechnung ist, sondern auch *Hauptrechnung* sein kann. Mit Hilfe der Kostenstellenrechnung kann die *Wirtschaftlichkeit* der Unternehmung bzw. einzelner Kosten- und Erfolgsbereiche kontrolliert werden. Außerdem können für die *Sortiments- und Absatzpolitik* Entscheidungsunterlagen erarbeitet werden. Alle diese Informationen dienen zur ertragsorientierten und die Zukunft des Unternehmen sichernden Steuerung (s. Springer Essential „Controlling für Ingenieure").

6.2 Bildung von Kostenstellen

Kostenstellen sind, wie bereits erwähnt, die *Orte* an denen die Kosten anfallen oder denen sie zugerechnet werden können. Dies kann nach folgenden Kriterien erfolgen:

© Springer Fachmedien Wiesbaden 2015   23
E. Hering, *Kostenrechnung und Kostenmanagement für Ingenieure*, essentials,
DOI 10.1007/978-3-658-07473-9_6

- *Verantwortungsprinzip*
  Das *Verantwortungsprinzip* teilt die Kostenstellen nach *Zuständigkeitsberei-chen* ein.
- *Funktionsprinzip*
  Hierbei erfolgt eine Einteilung nach betrieblichen Funktionen, d. h. nach *gleich-artigen Tätigkeiten.*

In der Praxis findet man man meist eine Kombination beider Prinzipien.

- *Art der erstellten Leistung*
  Hierbei wird zwischen *Haupt- und Nebenkostenstellen* unterschieden. *Haupt-kostenstellen* sind Bereiche des Unternehmens, in denen *Hauptleistungen* er-stellt werden oder in direktem Bezug dazu stehen (z. B. Fertigungsstellen, Ver-waltung oder Vertrieb). *Nebenkostenstellen* liefern keine *direkt produktbezogene Leistungen.* Es sind dies *allgemeine Kostenstellen* wie Kantine oder Pforte und *Hilfskostenstellen,* die Leistungen direkt für eine oder mehrere Hauptkosten-stellen erbringen (z. B. Konstruktion).
- *Art der Weiterverrechnung*
  Nach Art der Weiterverrechnung der Kosten lassen sich *Vor- und Endkosten-stellen* unterscheiden. *Vorkostenstellen* sind *unselbständige* kostenstellen, deren Leistungen auf andere Vorkostenstellen bzw. auf *Endkostenstellen* weiterver-rechnet werden müssen, da ihnen der direkte Bezug zur erbrachten Leistung fehlt. Auf den *Endkostenstellen* werden sämtliche Kosten gesammelt, um auf die Kostenträger weiterverrechnet zu w/erden.

Tabelle 6.1 zeigt eine mögliche Einteilung der Kostenstellen für ein produzieren-des Unternehmen:

- *Allgemeine Hilfsstellen (100)*
  Hier werden die Kosten erfasst, die für das *gesamte Unternehmen* entstehen (z. B. Sozialräume, Energie oder Fuhrpark).
- *Materialwirtschaft (200)*
  Hier sind die Kostenstellen für den Einkauf, die Warenannahme, die Warenein-gangsprüfung und für das Lager.
- *Fertigungs-Hilfsstellen (300)*
  Diese Kostenstellen arbeiten der Produktion direkt zu. Es sind dies im Wesent-lichen die Konstruktion und die Arbeitsvorbereitung.
- *Fertigung (400)*
  Hier werden die Produkte gefertigt. Es findet hier üblicherweise eine Einteilung nach der Bearbeitungstechnologie statt (z. B. Schleiferei, Dreherei, Fräserei).

Tab. 6.1 Einteilung der Kostenstellen. (eigene Darstellung)

Nummer	Kostenstellen
100	Allgemeine Hilfsstellen
110	Allgemeine Bereichsstellen
120	Grundstücke und Gebäude
130	Energie
140	Fuhrpark
150	Sozialeinrichtungen
200	Materialwirtschaft
210	Einkauf
220	Wareneinkaufsprüfung
230	Lager
300	Hilfsstellen der Fertigung
310	Betriebsleitung
320	Konstruktion
330	Arbeitsvorbereitung
400	Fertigung
410	Stanzerei
420	Dreherei
430	Fräserei
440	Bohrerei
450	Schleiferei
500	Montage
510	Montage Produktgruppe 1
520	Montage Produktgruppe 2
600	Verwaltung
610	Geschäftsleitung
620	Personalwesen
630	Finanzwesen
640	Rechnungswesen
700	Vertrieb
710	Vertriebsleitung
720	Vertriebsgebiet 1
730	Vertriebsgebiet 2

- *Montage (500)*
  In dieser Kostenstelle werden die einzelnen Teile zum fertigen Produkt montiert. Häufig wird diese Kostenstelle zur Fertigung gezählt. Oft sind die Kostenverhältnisse völlig verschieden von der Fertigung, so dass eine besondere Gruppe sinnvoll sein kann.

- *Verwaltung (600)*
  Hier befinden sich die Kostenstellen für die Verwaltung des Unternehmens. Es sind dies insbesondere: Personal, Finanzwesen, Rechnungswesen und Geschäftsleitung.
- *Vertrieb (700)*
  Die Kosten für die Verteilung der Güter und Dienstleistungen werden hier zusammengefasst.

Betriebsabrechnungsbogen (BAB) 7

7.1 Aufgaben

Der BAB erfüllt folgende Aufgaben:

- *Tabellarische Zusammenstellung von Kostenarten und Kostenstellen*
  Während die Einzelkosten (z. B. Materialkosten und Fertigungslöhne) den *Kostenträgern* (Produkten) *direkt zugeordnet* werden können, werden die Gemeinkosten nach Kostenarten erfasst und den Kostenstellen belastet. Diese tabellarische Zusammenstellung von Kostenarten und Kostenstellen sowie die Kostenverrechnung findet im Betriebsabrechnungsbogen (BAB) statt (Abb. 7.1).
- *Umlage der Kosten*
  Die Kosten der allgemeinen Hilfsstellen (Kostenstellen 100) werden mit *Schlüsseln* auf die nachgelagerten Kostenstellen *umgelegt*. Ebenso die Kosten der Fertigungs-Hilfsstellen auf die Fertigung.
- *Errechnung von Zuschlagssätzen*
  Aus den Kosten nach Umlagen werden die *Zuschlagssätze* bzw. *Stundensätze* der Kostenstellen errechnet. Es sind dies:
  - Materialgemeinkosten-Zuschläge (MGK),
  - Fertigungsgemeinkosten-Zuschläge (FGK),
  - Stundensätze (z. B. der Konstruktion),
  - Verwaltungsgemeinkosten-Zuschläge (VerwGK),
  - Vertriebsgemeinkosten-Zuschläge (VGK).

© Springer Fachmedien Wiesbaden 2015   27
E. Hering, *Kostenrechnung und Kostenmanagement für Ingenieure*, essentials,
DOI 10.1007/978-3-658-07473-9_7

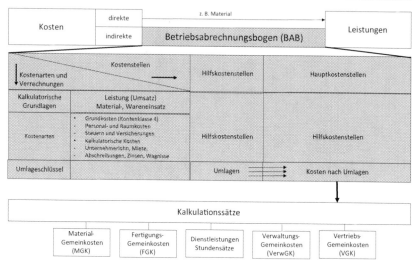

Abb. 7.1 Aufbau des Betriebsabrechnungsbogens (BAB). (eigene Darstellung)

Mit diesen Größen kann kalkuliert werden (*Kalkulationssätze*). Ausführliche Informationen zur Kalkulation finden sich im Springer Essential: „Kalkulation für Ingenieure".

7.2 Erstellung und Beispiel

Tabelle 7.1 zeigt einen einfachen BAB.
Ein BAB kann in folgenden Schritten erstellt werden:

1. *Schritt: Erfassung der Leistungen und des Wareneinsatzes*
   In der ersten Zeile des BAB werden die Leistungen (Netto-Umsatz) und in der zweiten Zeile der Materialeinsatz erfasst.
2. *Schritt: Auswahl der Kostenarten*
   Die Kostenarten wurden zu folgenden Bereichen zusammengefasst:
   − Personalkosten,
   − Raumkosten,
   − Beiträge, Versicherungen,
   − verschiedene Kosten,
   − kalkulatorische Kosten.

3. *Schritt: Auswahl der Kostenstellen*
   Entsprechende Kostenstellen wurden ausgewählt.
4. *Schritt: Erfassen der Grundkosten, Abgrenzen und Überführen in die Kostenrechnung*
   Die Zahlen der Buchhaltung können nicht immer in die Kostenrechnung übernommen werden. Beispielsweise darf das Urlaubs- und Weihnachtsgeld nicht in dem Monat der Auszahlung erfasst werden, sondern muss über alle Monate hinweg in der Kostenrechnung berücksichtigt werden.
5. *Schritt: Verteilung der Kosten auf die Kostenstellen*
   Tabelle 7.2 zeigt, wie die Kosten auf die Kostenstellen verteilt werden. Ein wichtiger Grundsatz bei der Verteilung der Kostenarten auf die Kostenstellen lautet:

➤   „Ordnen Sie die Kosten möglichst *direkt* und *verursachungsgerecht* den Kostenstellen zu!"

Folgende Kostenverteilung ist zu erkennen:

- Personalkosten
  Entsprechend den Tätigkeitsschwerpunkt der Mitarbeiter in den einzelnen Kostenstellen werden die Kosten verteilt. Die Fertigungslöhne werden folgendermaßen verteilt:
  30 % Drehen (410)
  20 % Fräsen (420)
  50 % Montage (510).
- Raumkosten
  Die Miete und die Heizkosten werden über m^2 verteilt; Wasser- und Stromkosten anteilig nach Verbrauch.
- Beiträge, Versicherungen
  Sie werden auf die Allgemeine Hilfskostenstelle (110) gebucht.
- Verschiedene Kosten (Tab. 7.1).

6. *Schritt: Kalkulatorische Kosten ermitteln*
   Die kalkulatorischen Kosten sind nicht ausgabewirksam, sondern dienen dazu, die Substanz des Unternehmens zu sichern. Folgende kalkulatorische Kosten werden berücksichtigt (s. Abschn. 7.2, Abb. 7.3):

Tab. 7.1 Beispiel eines BABs. (eigene Darstellung)

Betriebsabrechnungsbogen (BAB)

Kostenarten	Zahlen der Kostenrechnung	Kostenstellen 100 Hilfsstellen 110 Allgemein	120 Sozialraum	200 Materialwirtschaft 210 Einkauf	230 Lager	300 Fertigungs-Hilfsstellen 310 Konstruktion/AV	400 Fertigung 410 Drehen	420 Fräsen	500 Montage 510 Endmontage	600 Verwaltung 610 Geschäftsleitung	620 Personal	700 Vertrieb 710 Vertriebsleitung	720 Vertrieb 1
Netto-Umsatz	13.320,00												
Materialeinsatz (32%)	4.262,00			3.409,60	852,40								
Fertigungslohn (15%)	2.000,00						600,00	400,00	1.000,00				
Sozialkosten FL	500,00						150,00	100,00	250,00				
Summe Fertigungslöhne	2.500,00						750,00	500,00	1.250,00				
Lohn und Gehalt (25%)	3.330,00	133,20		499,50	266,40	732,60	266,40	266,40	266,40	266,40	266,40	99,90	266,40
Sozialkosten	830,00	33,20		124,50	66,40	182,60	66,40	66,40	66,40	66,40	66,40	24,90	66,40
Summe Lohn und Gehalt	4.160,00	166,40		624,00	332,80	915,20	332,80	332,80	332,80	332,80	332,80	124,80	332,80
Summe Personalkosten	6.660,00	166,40	0,00	624,00	332,80	915,20	1.082,80	832,80	1.582,80	332,80	332,80	124,80	332,80
Miete	180,00		5,40	3,60	10,80	12,60	36,00	45,00	54,00	3,60	3,60	3,60	1,80
Heizung	50,00		1,50	1,00	3,00	3,50	10,00	12,50	15,00	1,00	1,00	1,00	0,50

Tab. 7.1 (Fortsetzung)

Betriebsabrechnungsbogen (BAB)

Kostenarten	Zahlen der Kostenrechnung	Kostenstellen 100 Hilfsstellen 110 Allgemein	120 Sozialraum	200 Materialwirtschaft 210 Einkauf	230 Lager	300 Fertigungs-Hilfsstellen 310 Konstruktion/AV	400 Fertigung 410 Drehen	420 Fräsen	500 Montage 510 Endmontage	600 Verwaltung 610 Geschäftsleitung	620 Personal	700 Vertrieb 710 Vertriebsleitung	720 Vertrieb 1
Wasser/Strom	18,00	0,90		0,90	0,90	0,90	5,04	5,76	1,80	0,36	0,54	0,36	0,54
Summe Raumkosten	248,00	0,90	6,90	5,50	14,70	17,00	51,04	63,26	70,80	4,96	5,14	4,96	2,84
Steuern	166,00	166,00											
Versicherung	24,00	24,00											
Beiträge	8,00	8,00											
Summe Beiträge, Versicherungen	198,00	198,00											
Fahrzeugkosten	80,00			8,00						20,00	4,00	12,00	36,00
Werbekosten	220,00					22,00						154,00	44,00
Reisekosten	105,00			10,50						26,25	5,25	15,75	47,25
Porto/Telefon	108,00			16,20	5,40	10,80				19,44	12,96	21,60	21,60
Rechts- und	36,00	36,00											
Beratungskosten	8,00									8,00			

Tab. 7.1 (Fortsetzung)

Betriebsabrechnungsbogen (BAB)

Kostenarten	Zahlen der Kostenrechnung	Kostenstellen 100 Hilfstellen 110 Allgemein	120 Sozialraum	200 Materialwirtschaft 210 Einkauf	230 Lager	300 Fertigungs-Hilfsstellen 310 Konstruktion/AV	400 Fertigung 410 Drehen	420 Fräsen	500 Montage 510 Endmontage	600 Verwaltung 610 Geschäftsleitung	620 Personal	700 Vertrieb 710 Vertriebsleitung	720 Vertrieb 1
Summe verschiedene Kosten	557,00	36,00		34,70	5,40	32,80	0,00			73,69	22,21	203,35	148,85
kalk. Abschreibungen	186,25				8,00	16,00	75,00	40,00	36,00		11,25		
kalk. Zinsen	58,80				4,80	3,20	24,00	16,00	7,20		3,60		
kalk. Wagnisse (0,5% v. Umsatz)	67,00											67,00	
Summe kalk. Kosten	312,05				12,80	19,20	99,00	56,00	43,20		14,85	67,00	
Gesamtkosten	7.975,05	401,30	6,90	664,20	365,70	984,20	1.232,84	952,06	1.696,80	411,45	375,00	400,11	484,49
Umlage 310							177,16	216,52	590,52				
Umlage 110			12,04	8,03	24,08	28,09	80,26	100,33	120,39	8,03	8,03	8,03	4,01
Umlage 120				1,52	0,57	2,27	3,79	3,22	4,73	0,57	0,95	0,38	0,95
Kosten nach Umlage				673,74	390,35	1.014,56	1.494,04	1.272,13	2.412,44	420,04	383,97	408,51	489,45
Bezugsbasen						Kalkulationssätze							

Tab. 7.1 (Fortsetzung)

Betriebsabrechnungsbogen (BAB)

Kostenarten	Zahlen der Kostenrechnung	Kostenstellen 100 Hilfsstellen 110 Allgemein	120 Sozialraum	200 Materialwirtschaft 210 Einkauf	230 Lager	300 Fertigungs-Hilfsstellen 310 Konstruktion/ AV	400 Fertigung 410 Drehen	420 Fräsen	500 Montage 510 Endmontage	600 Verwaltung 610 Geschäftsleitung	620 Personal	700 Vertrieb 710 Vertriebsleitung	720 Vertrieb 1
Fertigungsmaterial	4.262,00					Materialgemeinkosten-Zuschlag MGK:	25%						
Fertigungslöhne	2.500,00					Fertigungsgemeinkosten-Zuschlag FGK	207%						
Konstruktionsstunden	12.000,00					Stundensatz für Konstruktion	84,55						
Herstellkosten	10.592,26					Verwaltungsgemeinkosten-Zuschlag VerwGK:	8%						
						Vertriebsgemeinkosten-Zuschlag VGK:	8%						

Tab. 7.2 Verteilung der Kosten auf die Kostenstellen. (eigene Darstellung)

Verteilung der Kosten auf die Kostenstellen

| Kostenarten | Umlage | 100 Hilfsstellen | | 200 Materialwirtschaft | | 300 Fertigungs-Hilfsstellen | 400 Fertigung | | 500 Montage | 600 Verwaltung | | 700 Vertrieb | |
		110 Allgemein	120 Sozialraum	210 Einkauf	230 Lager	310 Konstruktion/AV	410 Drehen	420 Fräsen	510 Endmontage	610 Geschäftsleitung	620 Personal	710 Vertriebsleitung	720 Vertrieb 1
Materialeinsatz (32 %)	*Prozent*			80 %	20 %								
Fertigungslohn (15 %)	Prozent						30 %	20 %	50 %				
Sozialkosten	Prozent						30 %	20 %	50 %				
Summe Fertigungslöhne	*Prozent*						30 %	20 %	50 %				
Lohn und Gehalt (25 %)	Prozent	4 %		15 %	8 %	22 %	8 %	8 %	8 %	8 %	8 %	3 %	8 %
Sozialkosten	Prozent	4 %		15 %	8 %	22 %	8 %	8 %	8 %	8 %	8 %	3 %	8 %
Summe Lohn und Gehalt	Prozent	4 %		15 %	8 %	22 %	8 %	8 %	8 %	8 %	8 %	3 %	8 %
Summe Personalkosten	*Prozent*	4 %		15 %	8 %	22 %	8 %	8 %	8 %	8 %	8 %	3 %	8 %
Fläche in qm (Prozent)		36 qm (3 %)		24 qm (2 %)	72 qm (6 %)	84 qm (7 %)	240 qm (20 %)	300 qm (25 %)	360 qm (30 %)	24 qm (2 %)	24 qm (2 %)	24 qm (2 %)	12 qm (1 %)
Miete	Fläche	3 %		2 %	6 %	7 %	20 %	25 %	30 %	2 %	2 %	2 %	1 %
Heizung	Fläche	3 %		2 %	6 %	7 %	20 %	25 %	30 %	2 %	2 %	2 %	1 %

Kostenstellen

Tab. 7.2 (Fortsetzung)

Verteilung der Kosten auf die Kostenstellen

Kostenarten	Umlage	100 Hilfsstellen 110 Allgemein	120 Sozialraum	200 Materialwirtschaft 210 Einkauf	230 Lager	300 Fertigungs-Hilfsstellen 310 Konstruktion/AV	400 Fertigung 410 Drehen	420 Fräsen	500 Montage 510 Endmontage	600 Verwaltung 610 Geschäftsleitung	620 Personal	700 Vertrieb 710 Vertriebsleitung	720 Vertrieb 1
Wasser/Strom	Verbrauch (%)	5%		5%	5%	5%	28%	32%	10%	2%	3%	2%	3%
Summe Raumkosten													
Steuern	Hilfsstelle	100%											
Versicherung	Hilfsstelle	100%											
Beiträge	Hilfsstelle	100%											
Summe Beiträge, Versicherungen													
Fahrzeugkosten	Direkt			10%						25%	5%	15%	45%
Werbekosten	Direkt					10%						70%	20%
Reisekosten	Direkt			10%		10%				25%	5%	15%	45%
Porto/Telefon	Direkt			15%	5%	10%				18%	12%	20%	20%
Rechts- und Beratungskosten	Hilfsstelle	100%											

Tab. 7.2 (Fortsetzung)

Verteilung der Kosten auf die Kostenstellen

| Kostenarten | Umlage | 100 Hilfsstellen | | 200 Materialwirtschaft | | 300 Fertigungs-Hilfsstellen | 400 Fertigung | | 500 Montage | 600 Verwaltung | | 700 Vertrieb | |
		110 Allgemein	120 Sozialraum	210 Einkauf	230 Lager	310 Konstruktion/AV	410 Drehen	420 Fräsen	510 Endmontage	610 Geschäftsleitung	620 Personal	710 Vertriebsleitung	720 Vertrieb 1
Summe verschiedene Kosten													
Kalkulatorische Abschreibungen	Tab. 7.3												
Kalkulatorische Zinsen	Tab. 7.3												
Kalk. Wagnisse (0,5% v. Umsatz)	Vertrieb											100%	
Summe kalkulatorische Kosten													
Umlage 310	Prozent Fertigung						18%	22%	60%				
Umlage 110	Wie Miete												
Mitarbeiter (%)				5 (8%)	2 (3%)	7 (12%)	12 (20%)	10 (17%)	15 (25%)	2 (3%)	3 (5%)	1 (2%)	3 (5%)
Umlage 120	Wie Mitarbeiter			8%	3%	12%	20%	17%	25%	3%	5%	2%	5%

Tab. 7.3 Berechnung der kalkulatorischen Abschreibungen und der kalkulatorischen Zinsen. (eigene Darstellung)

Kostenstelle	Gegenstand	Jahr der Anschaffung	Wieder-Beschaffung T€	Nut-zungs-dauer Jahre	Kalk. Abschr. T€	Erfolgte Abschr. T€	Kalk. Zinsen T€
230 *Lager*	Hochregallager	−4	120	15	8	32	4.8
310 *Konstruktion*	CAD-System	−1	80	5	16	16	3.2
410 *Dreherei*	Drehautomaten	−3	600	8	75	225	24
420 *Fräserei*	Fräsautomaten	−4	400	10	40	160	16
510 *Endmontage*	Roboter	−1	180	5	36	36	7.2
620 *Personal*	IT-Anlage	−5	90	8	11.25	56.25	3.6
Summe					186.25	525.25	58.8

– kalkulatorische Abschreibungen
In Tab. 7.3 sind die abzuschreibenden Gegenstände nach ihren Kostenstellen geordnet. Die kalkulatorische Abschreibung ist linear und errechnet sich als Quotient aus dem Wiederbeschaffungswert und der Nutzungsdauer:

$$kalkulatorische\ Abschreibung = \frac{Wiederbeschaffungswert}{Nutzungsdauer}.$$

Die Beträge werden in den einzelnen Kostenstellen direkt verbucht.

• *kalkulatorische Zinsen*
Da durchschnittlich der halbe Wiederbeschaffungswert als Kapital gebunden ist, gilt folgende Formel für die kalkulatorischen Zinsen des Anlagevermögens:

$$kalkulatorische\ Zinsen = \frac{Wiederbeschaffungswert}{2} * Zinssatz.$$

Als Zinssatz ist der Zins für langfristiges Fremdkapital zu wählen (im Beispiel 8 %). Die kalkulatorischen Zinsen werden, wie die kalkulatorischen Abschreibungen, den entsprechenden Kostenstellen belastet.

• *kalkulatorische Wagnisse*
  Als kalkulatorische Wagnisse werden 0,5 % vom Umsatz berechnet. Dies entspricht dem durchschnittlichen jährlichen Forderungsausfall. Die kalkulatorischen Wagnisse werden auf die Kostenstelle des Vertriebs gebucht.

7. *Schritt: Umlage bestimmter Kostenstellen festlegen*
  Die Kostenstellen, welche für andere Leistungen erbringen, werden möglichst
  verursachungsgerecht auf die entsprechenden Kostenstellen gebucht. Im vor-
  liegenden Fall sind dies folgende Kostenstellen:
  – Konstruktion und Arbeitsvorbereitung (310) mit folgenden Umlageschlüsseln:
    18 % für die Dreherei (410)
    22 % für die Fräserei (420)
    60 % für die Endmontage (510).
  – Allgemeine Hilfsstelle (110). Sie wird wie die Miete nach m² umgelegt
    (Tab. 7.4).– Sozialraum (120). er wird entsprechend den Mitarbeitern
    umgelegt (Tab. 7.4).
  – Das Beispielunternehmen hat eine Größe von 1200 m² und beschäftigt 60
    Mitarbeiter.

Eine besondere Form der Kostenumlage ist die *innerbetriebliche Leistungsver-*
rechnung. Dabei sind zunächst die *aktivierungspflichtigen* innerbetrieblichen Leistungen von den *nicht aktivierungspflichtigen* zu trennen. Die Kostenumlage der
nicht aktivierungspflichtigen Kosten kann nach folgenden beiden Methoden verrechnet werden:

Tab. 7.4 Flächengröße und Mitarbeiterzahl in den Kostenstellen. (eigene Darstellung)

Kostenstelle	qm	Prozent (%)	Mitarbeiter	Prozent (%)
120 *Sozialraum*	36	3		
210 *Einkauf*	24	2	5	9
230 *Lager*	72	6	2	3
310 *Konstruktion/AV*	84	7	7	12
410 *Drehen*	240	20	12	21
420 *Fräsen*	300	25	10	17
510 *Endmontage*	360	30	15	26
610 *Geschäftsleitung*	24	2	2	3
620 *Personal*	24	2	1	2
710 *Vertriebsleitung*	24	2	1	2
720 *Vertrieb 1*	12	1	3	5
Summe	1.200	100	58	100

- *Gegenseitige Leistungsverrechnung*
  Zwischen mehreren Kostenstellen sind Leistungstransfers entstanden, d. h. die Kostenstelle A hat für Kostenelle B und diese umgekehrt für Kostenstelle A Leistungen erbracht. Dies ist insbesondere bei der Berechnung der Kosten von Projekten der Fall, in denen viele Mitarbeiter aus unterschiedlichen Bereichen zusammenarbeiten.
- *Einseitige Leistungsverrechnung*
  Zwischen den Kostenstellen besteht ein einseitiges Leistungslieferer- und Leistungsnehmer-Verhältnis. In diesem Falle werden die Kosten des Leistungslieferers in Vor- oder Hilfskostenstellen erfasst, die in eine Richtung den Kostenstellen der Leistungsempfänger weiterverrechnet werden.

8. *Schritt: Erstellung der Kalkulationsgrundlagen*
   Alle Gemeinkostenzuschlagssätze werden nach folgender Formel berechnet:

$$Gemeinkostenzuschlagssatz = \frac{Gemeinkosten}{Bezugsgröße} * 100.$$

Die entsprechenden Bezugsgrößen lauten:

- Fertigungsmaterial (Materialeinsatz) für den Materialgemeinkosten-Zuschlag (MGK). Im vorliegenden Beispiel sind das 4.262.000 €.
- Fertigungslöhne für den Fertigungsgemeinkosten-Zuschlag (FGK). Nach dem BAB sind dies 2.500.000 €.
- Herstellkosten für den Verwaltungs- und den Vertriebsgemeinkosten-Zuschlag. Die Herstellkosten errechnen sich nach folgendem Schema:

Fertigungsmaterial (4.262.000 €)
+ Materialgemeinkosten (Kosten nach Umlage der Kostenstellen 210 (Einkauf: 673.740 €) und 230 (Lager: 365.700 €)). Insgesamt sind dies: 1.039.440 €.
+ Fertigungslöhne (2.500.000 €).
+ Fertigungsgemeinkosten (Kosten nach Umlage der Kostenstellen 410 (Drehen: 1.494.040 €), 420 (Fräsen: 1.272.130 €) und 510 (Endmontage: 2.412.440 €). Insgesamt ein Betrag von 5.178.610 €).
= Herstellkosten (10.592.260 €).

9. *Schritt: Errechnen der Kalkulationssätze*
   Die Gemeinkosten-Zuschlagssätze bzw. der Stundensatz für die Konstruktion errechnen sich wie folgt:

- Materialgemeinkosten-Zuschlag (MGK):

$$MGK = \frac{Kosten\ der\ Materialwirtschaft\ (210\ und\ 230)}{Fertigungsmaterial} *100$$

$$= \frac{1.064.090}{4.262.000} *100 = 25\%.$$

- Fertigungsgemeinkosten-Zuschlag (FGK)

$$FGK = \frac{Kosten\ der\ Fertigung\ (410,\ 420\ und\ 510)}{Fertigungslöhne} *100$$

$$= \frac{5.178.610}{2.500.000} *100 = 207\%.$$

- Stundensatz für Konstruktion:

$$Stundensatz\ für\ Konstruktion = \frac{Kosten\ der\ Konstruktion}{Konstruktionsstunden}$$

$$= \frac{1.014.560}{10.592,26} = 95,78\ Euro/h.$$

- Verwaltungsgemeinkosten-Zuschlag (Verw.GK):

$$Verw.GK = \frac{Kosten\ der\ Verwaltung\ (610\ und\ 620)}{Herstellkosten} *100$$

$$= \frac{804.010}{10.592.260} *100 = 8\%.$$

- Vertriebsgemeinkosten-Zuschlag (VGK):

$$VGK = \frac{Kosten\ der\ Vertriebs\ (710\ und\ 720)}{Herstellkosten} *100$$

$$= \frac{897.960}{10.592.260} *100 = 8\%.$$

Mit diesen Zuschlagssätzen lassen sich Kalkulationen durchführen (s. Springer Essential „Kalkulation für Ingenieure").

Kostensenkungs-Potenziale 8

8.1 Grundlegende Begriffe

Ein Unternehmen ist nicht eine Ansammlung von einzelnen, voneinander getrennten Abteilungen, sondern hier finden Prozesse statt, die zum Ziel haben, Kundenwünsche zu befriedigen, wie Abb. 8.1 zeigt. Diese nennt man Geschäftsprozesse. Das bedeutet, dass jede Abteilung ihren Beitrag zur Erfüllung der Kundenwünsche leisten muss.

Damit diese möglichst wenig Kosten verursachen, müssen diese Arbeiten:

- schnell,
- einfach,
- transparent
- flexibel,
- effektiv (wirkungsvoll),
- effizient und vor allem
- kundenorientiert

ablaufen.

Wertschöpfung ist die *Wertsteigerung* eines Produktes oder einer Dienstleistung. Dieser Wert ist nicht der Kostenanteil, der in einem Produkt steckt (z. B. wegen seiner Maschinenbearbeitungszeit), sondern der Wert, den der Kunde bereit ist zu bezahlen. Deshalb muss ein Produkt während des Geschäftsprozesses von Phase zu Phase einen für den Kunden höheren Wert erhalten.

© Springer Fachmedien Wiesbaden 2015
E. Hering, *Kostenrechnung und Kostenmanagement für Ingenieure*, essentials,
DOI 10.1007/978-3-658-07473-9_8

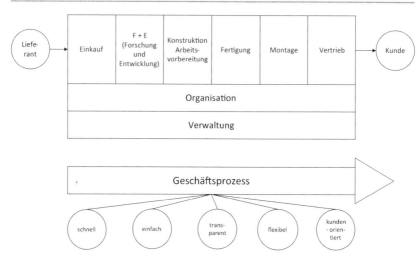

Abb. 8.1 Unternehmerisches Handeln als kundenorientierter Prozess. (eigene Darstellung)

Alle Tätigkeiten, die keinen Beitrag zur Wertschöpfung aus Kundensicht leisten, sind *Verschwendung*. Sie verursachen nur Kosten, ohne den Wert zu steigern, d. h. der Kunde ist nicht bereit, diese Kosten zu bezahlen.

Der wichtigste Beitrag zur Kostenreduzierung ist deshalb, die *Verschwendung zu vermeiden*. In Abb. 8.2 ist zusammengestellt, welche Arten von Verschwendung es gibt.

Ein weiterer wichtiger Aspekt zur Wertsteigerung ist das Bestreben, ständig besser zu werden. Diese Methode wird „*Kaizen*" genannt und hat zum Motto: „Werde heute besser als gestern und morgen besser als heute!". Dabei gilt es vor allem, die Verschwendung zu vermeiden. Im Englischen nennt man es *CIP* (Continuous im-

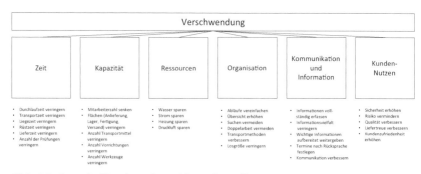

Abb. 8.2 Arten der Verschwendung. (eigene Darstellung)

Abb. 8.3 Eigenschaften eines internen Kunden. (eigene Darstellung)

provement) und im Deutschen *KVP* (Kontinuierlicher Verbesserungs-Prozeß). Auf diese Weise erfahren die Produkte ständig Wertverbesserungen aus Kundensicht, zumeist ohne dass sich dabei die Kosten erhöhen.

Als *externen Kunden* bezeichnet man den unmittelbaren Abnehmer der Ware oder der Dienstleistung. Ein interner Kunde ist derjenige Mitarbeiter, für den die Arbeit gedacht ist (z. B. die Konstruktionszeichnung für die Arbeitsvorbereitung). In diesem Fall ist jeder Mitarbeiter, wie Abb. 8.3 zeigt, ein interner Kunde. Wichtig ist dabei, dass der liefernde Mitarbeiter die Arbeit so gut abliefert, dass sie fehlerfrei ist und möglichst wenig Nachfragen bedarf. Auch beim internen Kunden ist wichtig, dass sich der liefernde Mitarbeiter an den Wünschen und Vorstellungen des internen Kunden orientiert.

Aus Abb. 8.4 ist zu entnehmen, dass fast jeder Mitarbeiter eines Unternehmens sowohl als interner Kunde Arbeit empfängt, als auch Arbeit an seinen nächsten internen Kunden weitergibt. So betrachtet kann die Arbeitsteilung in einem Unternehmen als eine Kette interner Kundenbeziehungen dargestellt werden.

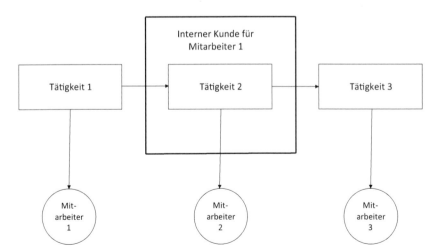

Abb. 8.4 Mitarbeiterbeziehungen als Kette von internen Kunden. (eigene Darstellung)

Einer der wichtigsten Eigenschaften von Produkten und Dienstleistungen ist deren *Qualität*. Darunter versteht man die vom Kunden geforderten Eigenschaften eines Produktes oder einer Dienstleistung. Das bedeutet, dass die Kundenwünsche der Maßstab für die Qualität der Erzeugnisse sind und nicht ausschließlich die vom Unternehmen festgelegten technischen Eigenschaften.

Jeder Mitarbeiter hat die Aufgabe, mit höchster Qualität zu arbeiten, d. h. möglichst fehlerfrei. Jeder Fehler verursacht Kosten für seine Beseitigung, verlängert die Bearbeitungszeit und verärgert den Kunden. Durch fehlerfreie Arbeit können deshalb Kosten gesenkt werden. Für die Qualität der Arbeit muss jeder selbst verantwortlich sein.

Ein weitere wichtiger Aspekt gilt der *Zeit*. Kürzere Zeiten für die Tätigkeiten befriedigen den Kundenwunsch schneller. Damit fließt in das Unternehmen schneller Geld zurück. Kürzere Durchlaufzeiten in der Produktion senken die Bestände und verringern deshalb die Kosten für die Lagerhaltung. Aus diesen Gründen ist das alte Sprichwort wieder aktuell: „Zeit ist Geld".

Die finanzielle Disziplin ist ebenfalls von großer Bedeutung. Dazu dient die Aufstellung eines Budgets, d. h., eines festgelegten Geldbetrages für eine bestimmte Tätigkeit (z. B. 200,- € für Schmiermittel pro Monat). Dieses Budget darf nicht überschritten werden. Mit dieser Aufteilung der Kosten auf bestimmte Teilaufgaben wird vermieden, dass die Kosten unkontrollierbar steigen.

In gewissen Abständen müssen die Budgets den geänderten Bedingungen angepasst werden (z. B. wegen der Ausnutzung von Rationalisierungspotenzialen werden 20 % der Fertigungskosten eingespart).

8.2 Erfassen und Auswerten der Tätigkeiten zur Kostensenkung

Die typische Aufgaben eines Ingenieurs im Mittelmanagement zeigt Abb. 8.5. Er hat zwei Hauptaufgaben in zwei Ebenen zu erfüllen:

1. Er hat den *Anweisungen seines Chefs* zu folgen und die Ziele des Unternehmens zu verfolgen. Dies kann im Falle eines Ingenieurs in der Produktion bedeuten, dass er die bestehenden Produktionsaufträge möglichst optimal den Menschen und Maschinen zuordnen muss (z. B. kürzest mögliche Durchlaufzeiten in einer ausgelasteten Produktion).
2. *Hindernisse* aus dem Weg zu räumen, die seine Mitarbeiter daran hindern, gute Arbeit zu verrichten.

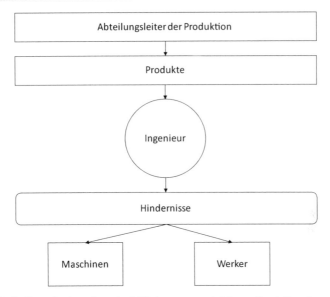

Abb. 8.5 Stellung des Ingenieurs im Mittelmanagement. (eigene Darstellung)

Der Ingenieur im Mittelmanagement hat eine „*Sandwich-Position*" und sitzt sozusagen zwischen den Stühlen: Er muss die Vorgaben seines Chefs erfüllen und seine Mitarbeiter motivieren, ihre Aufgaben optimal zu erledigen. In der Produktion sitzt dieser Ingenieur beispielsweise zwischen dem Abteilungsleiter der Produktion und den Werkern. Deshalb muss er sowohl die Sprache seines Chefs beherrschen, als auch sich mit seinen Werkern gut verstehen. Dies stellt hohe Anforderungen an die Persönlichkeit eines Ingenieurs.

8.3 Klagemauer als Werkzeug zur Kostensenkung

Die Klagemauer dient dazu, die Hemmnisse zu beseitigen, die rationelles und effizientes Arbeiten verhindern. Dies betrifft alle Bereiche, auch die Kommunikation und das Betriebsklima.

Am schwarzen Brett werden nach Abb. 8.6 zwei Plakate aufgehängt:

- eines für die *Beanstandungen* (was stört mich?) und
- ein anderes für die *empfohlenen Maßnahmen* (was kann man dagegen tun?).

Was stört mich?			Was kann man dagegen tun?			
Missstand	Wo?	Ursachen	Maßnahmen	Wer?	Bis wann?	OK?
Zu Beginn der Frühschicht: Teile stehen im Weg	Dreh- maschine 5	Aufräumen vergessen	Plakat anbringen: „Teile auf Liegeflächen legen!"	Werker der Nacht- schicht	Sofort	
Störung beim Werkzeug- wechsel	Fräs- maschine 3	Programm Instabil	IT-Abteilung Programm testen	IF-3: Linser	31.5.	
		Justierung nicht Korrekt	Nachjustieren lassen (Vorarbeiter)	WK-78 Breitmeier	25.5.	
		Antriebsmotor defekt	Antriebsmotor überprüfen	EM-12 Palzer	20. 5.	

Abb. 8.6 Plakate der Klagemauer. (eigene Darstellung)

Im Plakat für die Beanstandungen stehen

- die Beanstandungen (was stört mich?),
- der Betroffene (wen oder was betrifft das?) und
- die Ursache (warum ist das so?).

Im Plakat für die Maßnahmen stehen:

- die Maßnahmen (wie wird das geändert),
- der Verantwortliche (wer ist dafür zuständig?),
- bis wann wird diese Maßnahme ergriffen sowie
- eine Meldung, ob die Maßnahme erfolgreich war oder nicht.

Jeder Mitarbeiter beurteilt die Gründe der Hindernisse und schlägt Abhilfemaß-nahmen, die Verantwortlichen und den Zeitraum für die Behebung des Mangels vor. Auf diese Weise sind alle aufgerufen, die Missstände zu melden und für Ab-hilfe zu sorgen.

Solche Missstände sind beispielsweise (Abb. 8.6):

- Werkstücke stehen vor einer Drehmaschine im Wege,
- Störung beim Werkzeugwechsel einer Fräsmaschine.

Diese Plakate nimmt der Meister nach einer gewissen Zeit zur Besprechung mit seinen Werkern mit. Gemeinsam wird beraten, wie die Abhilfemaßnahmen aussehen. Wichtig dabei ist, daß diese Maßnahmen ganz konsequent umgesetzt werden. In diesen Fällen ist dies ist eine gute Methode der kontinuierlichen Verbesserung.

8.4 Fehler-Hitlisten

Der Ingenieur in der Produktion hat in vielen Fällen danach zu schauen, wie auftretende Fehler bzw. Störungen schnell und kostengünstig behoben werden. Auf einer Fehlersammelkarte wird folgendes erfasst:

• alle Störungen an den Maschinen,
• die zugehörigen Kosten und
• die Ursachen der Störungen.

Nach diesen drei Aspekten werden die gesammelten Daten als Hitlisten (die wichtigste kommt zuerst, dann die andern) ausgewertet:

In Abb. 8.7 ist in der oberen Hälfte der Fehlerhitliste die Häufigkeit der ausgefallenen Maschinen zu sehen. Man sieht, dass die Fräsmaschine Nr. 3 am häufigsten

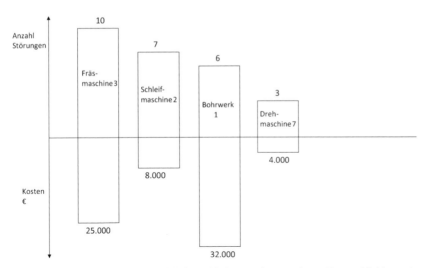

Abb. 8.7 Fehlerhitliste nach Häufigkeit (*Bild oben*) und entstandenen Kosten (*Bild unten*). (eigene Darstellung)

eine Störung aufweist, gefolgt von der Schleifmaschine Nr. 2, dem Bohrwerk Nr. 1 und der Drehmaschine Nr. 7.

Werden die Kosten für die Störung erfasst (Stillstandszeiten * Maschinenstundensätzen + Reparaturaufwand als Material- und Personalkosten), dann kann man eine Hitliste der Kosten erstellen (Abb. 8.7 unteres Bild). Daraus ist zu sehen, dass das Bohrwerk Nr. 1 die höchsten Kosten von 32.000,- € hat, gefolgt von der Fräsmaschine Nr. 3 (Kosten von 25.000,- €). Die Kosten für die Schleifmaschine Nr. 2 (8000,- €) und die Drehmaschine Nr. 7(4000,- €) sind vergleichsweise gering.

Um die höchsten Kosten von 57.000,- € (Kosten für das Bohrwerk und die Fräsmaschine) zu vermeiden, ist es ratsam, sich auf die Störungen dieser beiden Maschinen zu konzentrieren.

8.5 Maßnahmen

Um die richtigen Maßnahmen zur Beseitigung der Störungen ergreifen zu können, ist es wichtig zu wissen, warum diese Maschinen ausgefallen sind. Abbildung 8.8 zeigt die Hitliste der häufigsten Ursachen. Dies sind in unserem Fall die Elektronik (14 Fälle) gefolgt vom Antrieb (6 Fälle), der Pflege (4 Fälle) und der Wartung (2 Fälle).

Der Ingenieur muss in diesem Fall unterscheiden, ob die Ursachen für die Störungen von anderen Abteilungen zu verantworten sind oder seine eigene Abteilung betreffen.

Werden fremde Abteilungen betroffen, so wird er diese Ergebnisse seinem Chef melden und um Abhilfe bitten (im vorliegenden Beispiel ist dies die Elektronik, der Antrieb und die Wartung).

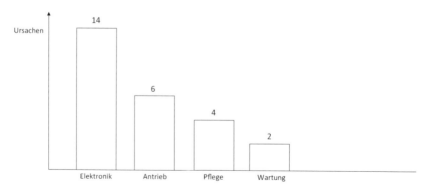

Abb. 8.8 Fehlerhitliste nach Ursachen der Störung. (eigene Darstellung)

Die Bereiche, die seine Abteilung betreffen (in unserem Fall die Pflege), wird der Ingenieur bei der nächsten Besprechung vorbringen und eine konsequente Abstellung des Mangels verfolgen.

Mit diesen Informationen kann der Ingenieur sein eigenes Controlling aufbauen und die Kosten der Verschwendung steuern (s. Springer Essential „Controlling für Ingenieure"). Auf diese Weise kann er die geforderten Ziele (z. B. um 20 % verringerte Fehlerkosten oder Verringerung der Störungen auf maximal 12 statt bisher 26) erreichen. Dabei müssen ihm sowohl die übergeordnete Stelle helfen (z. B. der Leiter der Arbeitsvorbereitung), als auch seine ihm unterstellten Mitarbeiter.

8.6 Verkürzung der Durchlaufzeiten

Die Durchlaufzeit ist die Zeit, die ein Produkt in der Fertigung vom Beginn bis zum Ende benötigt. Je *kürzer die Durchlaufzeit,* umso *schneller* kann der Kundenwunsch erfüllt werden und umso schneller fließt Geld als Umsatzerlös in das Unternehmen zurück.

Je *länger die Durchlaufzeit,* umso *größer* ist das *Risiko,* dass sich der Kundenwunsch geändert hat.

Ein Bestand dient dazu, zu jeder Zeit genügend Material vorzuhalten, damit die Fertigung reibungslos laufen kann. Die Bestände sind gebundenes Kapital und kosten das Unternehmen Geld. Ein kostenbewußter Ingenieur arbeitet deshalb mit möglichst wenig Beständen in seiner Fertigung

Bestände und Durchlaufzeiten hängen über folgende Formel unmittelbar miteinander zusammen:

*Bestand = Durchlaufzeit * Verbrauch/Zeiteinheit.*

Das heißt, wenn man bei gleichem Verbrauch/Zeiteinheit nur die Durchlaufzeiten verkürzt, dann hat man auch die Bestände verringert.

Das heißt, für den Ingenieur ist es sehr wichtig, seinen Mitarbeitern in der Produktion klar zu machen, dass sie dringend auf kürzest mögliche Durchlaufzeiten achten müssen.

In jedem Zeitabschnitt sollte eine Erhöhung der Wertschöpfung stattfinden, d. h. das Material muß durch die Fertigung fließen und nicht vor oder nach den Maschinen stehen.

In Abb. 8.9 ist zu sehen, wie Liegezeiten die Durchlaufzeiten erhöhen und keinen Beitrag zur Wertschöpfung liefern. Diese Zeiten müssen verringert bzw. vermieden werden.

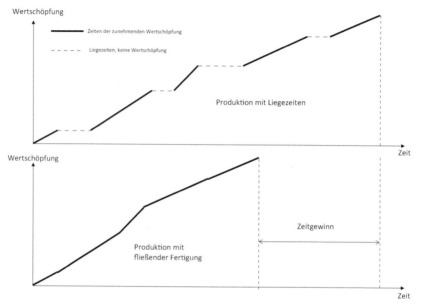

Abb. 8.9 Verlauf der Wertschöpfung in der Zeit. (eigene Darstellung)

Während im oberen Diagramm noch relativ viele Liegezeiten zu erkennen sind, sind im unteren Diagramm die Liegezeiten deutlich verringert und damit die Durchlaufzeit erheblich verkleinert.

Die Rüstzeiten an den Maschinen müssen so klein wie möglich gehalten werden, damit weiter produziert werden kann. Ferner muss der Ingenieur darauf achten, dass die Rüstzeiten der miteinander verketteten Maschinen etwa gleich groß sind. Im anderen Fall treten Kapazitätsschwankungen auf, d. h. ein Mitarbeiter in der Produktion hat viel und der andere wenig zu tun.

Losgrößen sind die Menge an Produkten, die auf einmal erzeugt werden. Die Höhe der Losgröße bestimmt logischerweise die Durchlaufzeit. Je höher die Losgröße, desto länger die Durchlaufzeit. Aus diesen Gründen wäre Losgröße 1 ideal.

- *Methode: Just in Time (JiT)*

JiT bedeutet: „Just in time", d. h. das Material bzw. die Vorprodukte werden genau zu der Zeit, in der sie benötigt werden, an die Maschine gebracht. Damit entfallen aufwändige Ein- und Auslagerungsvorgänge. Die zeitgenaue Anlieferung geschieht meist durch Zulieferer, die eine einwandfreie Qualität garantieren, so dass auch eine vollständige Wareneingangsprüfung entfällt.

*   *Holprinzip* (*Kanban-Steuerung*)
    Material wird von der Stelle geholt, die es benötigt, und nicht die produzierte Menge der nachfolgenden Maschine hingestellt. Damit bestimmt die produzierende und damit wertschöpfende Arbeitsstation den Materialfluss. Auf diese Weise wird nur das Material bewegt, das auch bearbeitet wird.

8.7   Erfolgszirkel für Verbesserungen

Viele Maßnahmen allerdings, die vorgeschlagen werden, erhöhen die Produktivität des Unternehmens und setzen Mitarbeiter frei. Aus Angst, seinen eigenen Arbeitsplatz oder den von Kollegen wegzurationalisieren, sind viele Mitarbeiter nicht bereit, Verbesserungsvorschläge einzubringen. Diese grundsätzliche Angst muss man ihnen nehmen, indem man beispielsweise eine Arbeitsplatzgarantie für Mitarbeiter gibt, die gute Verbesserungsvorschläge einbringen.

Die Art und Weise, wie man mit Verbesserungsvorschlägen umgeht, muss im Unternehmen organisiert werden. Am besten bedient man sich einer Systematik, die in Abb. 8.10 zu sehen ist.

Folgende 4 Phasen müssen nacheinander durchlaufen werden:

1. Motivieren der Mitarbeiter für Verbesserungen
2. Vorschläge schriftlich niederlegen
3. Vorschläge prüfen und auswerten
4. Vorschläge belohnen durch Anerkennung oder Vergütung.

Hierbei geht man in folgenden drei Stufen vor:

1. Stufe: Ermutigung der Mitarbeiter, sich zu beteiligen;
2. Stufe: Schulung der Fähigkeiten der Mitarbeiter, kreativ zu sein und im Team zu arbeiten und
3. Stufe: Beitrag zur Wertschöpfung (Vermeidung von Verschwendung) oder zum Gewinn angeben.

Während die erste Stufe darauf abzielt, möglichst viele Verbesserungsvorschläge zu gewinnen, wird in der zweiten Stufe darauf geachtet, möglichst viele in der Praxis umsetzbare Vorschläge zu erarbeiten. Es muss allen Mitarbeitern klar gemacht werden, dass nur umsetzbare Vorschläge sinnvoll sind. Meistens ist der Mitarbeiter, der eine bestimmte Aufgabe erfüllt, am besten geeignet, diese Tätigkeit noch zu verbessern. Dazu muss er ermuntert werden. Ferner müssen die Mitarbeiter

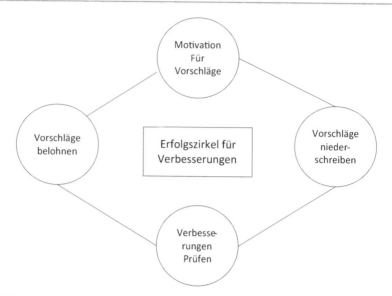

Abb. 8.10 Erfolgszirkel für Verbesserungen. (eigene Darstellung)

auch die Arbeit in Teams lernen, um ihre kreativen Kräfte gegenseitig zu verstärken. Die dritte Stufe macht klar, dass nur Vorschläge sinnvoll sind, die dem Unternehmen einen Nutzen bringen.

Will man für Mitarbeiter motivierend und für das Unternehmen erfolgreich Verbesserungen durchführen, dann ist eine Vorgehensweise nach diesen drei Stufen sehr zu empfehlen.

In vielen Unternehmen sind Briefkästen zu finden, in denen Mitarbeiter ihre Verbesserungsvorschläge einwerfen sollen. Meistens ist dieser Kasten aber leer, weil der Mitarbeiter nicht direkt zum Mitmachen aufgefordert wird. Der Ingenieur muss deshalb selbst aktiv werden, um die Ideen seiner Mitarbeiter aufzuspüren. Es ist daher dem Meister zu empfehlen, seine Mitarbeiter persönlich zu besuchen und vor Ort mit ihnen über Verbesserungsmöglichkeiten zu reden und sie zu motivieren, Verbesserungen anzuregen. Dies ist wirkungsvoller, weil der Mitarbeiter wichtig genommen wird.

Nur Verbesserungsvorschläge können umgesetzt werden, wenn sie schriftlich niedergelegt sind.

Häufig lassen die Mitarbeiter den Ingenieur auch wissen, sie würden zwar gerne etwas verbessern, doch könnten sie ihre Vorschläge nicht gut niederschreiben. In diesen Fällen muss der Ingenieur ihnen bei der Formulierung helfen. Das bringt

Güte des Vorschlags / Wirksamkeit Des Vorschlags	1 sehr gut	2 gut	3 mäßig
A Problem erkannt	500 €	100 €	abgelehnt
B innovative Verbesserung	1.000 €	500 €	100 €
C umgesetzte Verbesserung	2.000 € oder mehr	1.000 €	500 €

Abb. 8.11 Bewertungsmatrix für Verbesserungsvorschläge. (eigene Darstellung)

meist auch eine Diskussion in Gang und eröffnet weitere Möglichkeiten der Verbesserung.

Alle Vorschläge müssen so schnell wie möglich geprüft werden. Abbildung 8.11 zeigt eine Möglichkeit, die Vorschläge zu bewerten und daraus die Höhe der Belohnung abzuleiten.

Die *Bewertungsmatrix* geht von zwei Bewertungsgrundsätzen aus:

- Güte der vorgeschlagenen Maßnahmen (sehr gut, mittel und mäßig) mit den Zahlen 1, 2 und 3 und
- Beitrag zur Verbesserung (nur das Problem erkannt, ein innovativer Vorschlag, der noch nicht umgesetzt wurde oder ein bereits erfolgreich umgesetzter Vorschlag) mit den Buchstaben A, B und C.

Durch die Angabe der Zellennummer (z. B. C 2) ist eine Kurzbewertung möglich.

Aus der *Bewertungsmatrix* ist die *Höhe* der *Belohnung* abzulesen. Die Abstufung der Belohnungen sind von Fall zu Fall zu verändern. Insbesondere kann eine umgesetzte, sehr gute Idee für das Unternehmen sehr wertvoll sein. Deshalb müssen in diesen Fällen die Belohnungen auch wesentlich höher ausfallen.

Was Sie aus diesem Essential mitnehmen können

- Aufbau einer Kosten- und Leistungsrechnung
- Aufbauen einer Kostenarten-, Kostenstellen- und Kostenträgerrechnung
- Aufbau eines Betriebsabrechnungsbogen
- Ermitteln von Möglichkeiten zur Kostensenkung
- Maßnahmen zur Vermeidung von Verschwendung
- Maßnahmen zur kontinuierlichen Verbesserung
- Möglichkeiten zur Erhöhung der Arbeitseffizienz.

© Springer Fachmedien Wiesbaden 2015
E. Hering, *Kostenrechnung und Kostenmanagement für Ingenieure*, essentials,
DOI 10.1007/978-3-658-07473-9

Literatur

Coenenberg, A.G., et al.: Kostenrechnung und Kostenanalyse, 8. Aufl. Schäffer-Poeschel, Stuttgart (2012)

Friedel, G., et al.: Kostenrechnung, 2. Aufl. Vahlen Verlag, München (2013)

Haberstock, L., et al.: Kostenrechnung I: Einführung, 13. Aufl. Erich Schmidt Verlag, Berlin (2008)

Hering, E.: Controlling für Ingenieure. (Springer Essentials). Springer Vieweg, Wiesbaden (2014a)

Hering, E.: Deckungsbeitragsrechnung für Ingenieure. (Springer Essentials). Springer Vieweg, Wiesbaden (2014b)

Hering, E.: Kalkulation für Ingenieure. (Springer Essentials). Springer Vieweg, Wiesbaden (2014c)

Hering, E.: Kosten- und Leistungsrechnung für Ingenieure. (Springer Essentials). Springer Vieweg, Wiesbaden (2014d)

Hering, E., Draeger, W.: Handbuch Betriebswirtschaft für Ingenieure, 3. Aufl. Springer, Heidelberg (2000)

Hommel, M.: Kostenrechnung – learning by stories, 3. Aufl. Deutscher Fachverlag, Frankfurt a. M. (2011)

Olfert, K.: Kostenrechnung, 16. Aufl. Kiehl Verlag, Ludwigshafen (2010)

Radke, H.D.: Kostenrechnung. Haufe-Lexware, 5. Aufl. Haufe Verlag, Freiburg (2009)

© Springer Fachmedien Wiesbaden 2015

E. Hering, *Kostenrechnung und Kostenmanagement für Ingenieure*, essentials,

DOI 10.1007/978-3-658-07473-9

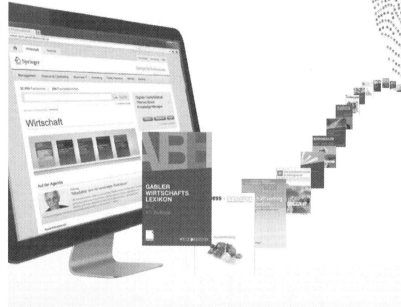